CIÊNCIAS

CÉSAR DA SILVA JÚNIOR • SEZAR SASSON
PAULO SÉRGIO BEDAQUE SANCHES
SONELISE AUXILIADORA CIZOTO • DÉBORA CRISTINA DE ASSIS GODOY

CADERNO DE ATIVIDADES

NOME: _____ TURMA: _____

ESCOLA: _____

São Paulo – 1ª edição – 2018

Direção geral: Guilherme Luz
Direção editorial: Luiz Tonolli e Renata Mascarenhas
Gestão de projeto editorial: Tatiany Renó
Gestão e coordenação de área: Isabel Rebelo Roque
Edição: Daniella Drusian Gomes e Luciana Nicoleti
Gerência de produção editorial: Ricardo de Gan Braga
Planejamento e controle de produção: Paula Godo, Roseli Said e Marcos Toledo
Revisão: Hélia de Jesus Gonsaga (ger.), Kátia Scaff Marques (coord.), Rosângela Muricy (coord.), Ana Paula C. Malfa, Arali Gomes, Heloísa Schiavo, Luciana B. Azevedo, Luiz Gustavo Bazana, Maura Loria, Patrícia Travanca; Amanda Teixeira Silva e Bárbara de M. Genereze (estagiárias)
Arte: Daniela Amaral (ger.), André Gomes Vitale (coord.) e Renato Akira dos Santos (edit. arte)
Diagramação: MRS Editorial
Iconografia: Silvio Kligin (ger.), Roberto Silva (coord.), Claudia Balista (pesquisa iconográfica)
Licenciamento de conteúdos de terceiros:
Thiago Fontana (coord.), Angra Marques e Flavia Zambon (licenciamento de textos), Erika Ramires, Luciana Pedrosa Bierbauer e Claudia Rodrigues (analistas adm.)
Tratamento de imagem: Cesar Wolf e Fernanda Crevin
Ilustrações: Waldomiro Neto
Design: Gláucia Correa Koller (ger.), Flávia Dutra (proj. gráfico), Talita Guedes da Silva (capa) e Gustavo Natalino Vanini (assist. arte)

Todos os direitos reservados por Saraiva Educação S.A.
Avenida das Nações Unidas, 7221, 1º andar, Setor A –
Espaço 2 – Pinheiros – SP – CEP 05425-902
SAC 0800 011 7875
www.editorasaraiva.com.br

2021
Código da obra CL 800586
CAE 628041 (AL) / 628042 (PR)
1ª edição
6ª impressão

Impressão e acabamento Gráfica Eskenazi

Uma publicação

APRESENTAÇÃO

FAZER É APRENDER. VOCÊ JÁ OUVIU ESSA FRASE?

AO RESOLVER AS ATIVIDADES DESTE LIVRO, VOCÊ VAI APRENDER MUITO. IMAGENS, TEXTOS GOSTOSOS E PERGUNTAS FARÃO VOCÊ PENSAR SOBRE O MUNDO À NOSSA VOLTA. APRENDER CIÊNCIAS É ENTENDER MELHOR NOSSO CORPO, NOSSO PLANETA E O UNIVERSO EM QUE VIVEMOS. SEJA BEM-VINDO A ESTA AVENTURA!

SUMÁRIO

UNIDADE 1
SERES VIVOS: ANIMAIS E PLANTAS 5
- SERES VIVOS: DIFERENÇAS E SEMELHANÇAS 5

UNIDADE 2
COMO SÃO AS PLANTAS? 8
- A DIVERSIDADE DAS PLANTAS 8
- AS CARACTERÍSTICAS DAS PLANTAS .. 9
- AS PLANTAS E OS ANIMAIS NO AMBIENTE 10

UNIDADE 3
ONDE HABITAM OS SERES VIVOS? 11
- COMO É MINHA MORADIA 11
- COMO É MINHA ESCOLA 12
- OS AMBIENTES DA TERRA 13
- SER VIVO E ELEMENTO NÃO VIVO ... 14

UNIDADE 4
Os ambientes podem ser modificados? 15
- Os ambientes naturais e os ambientes modificados 15
- Alguns ambientes modificados 16
- Os seres vivos e os ambientes modificados 17

UNIDADE 5
Cuidando dos ambientes 18
- Cuidando do que é de todos 18
- A água nos ambientes 19
- O lixo nos ambientes 20

UNIDADE 6
Do que os objetos são feitos? 21
- Como são os objetos? 21
- Transformações dos materiais 22

UNIDADE 7
Como usamos os objetos. 24
- Os materiais e suas características ... 24
- Os objetos e seus materiais 25
- Utilizamos os objetos, e depois? 26

UNIDADE 8
De onde vem a sombra? 27
- Luz e sombra 27
- Tamanho da sombra 28

UNIDADE 9
O Sol que nos aquece 29
- A temperatura ao longo do dia 29
- Todos os materiais se aquecem da mesma maneira? 31
- Aquecimento e reflexão solar 32

SERES VIVOS: ANIMAIS E PLANTAS

SERES VIVOS: DIFERENÇAS E SEMELHANÇAS

• ELEMENTOS NÃO PROPORCIONAIS ENTRE SI

1 OBSERVE AS FOTOGRAFIAS ABAIXO.

A) ESCREVA O NOME DOS SERES VIVOS.

B) FAÇA UM **X** NAQUELES SERES VIVOS QUE PODEM SE LOCOMOVER DE UM LUGAR A OUTRO.

C) QUAIS SERES VIVOS PODEM SE REPRODUZIR? PINTE A RESPOSTA CORRETA.

| TODOS | NENHUM | APENAS AS PLANTAS | APENAS OS ANIMAIS |

2 PESQUISE IMAGENS DE PLANTAS QUE VIVEM NA ÁGUA E DESENHE NO QUADRO ABAIXO AQUELA DE QUE VOCÊ MAIS GOSTOU.

3 OBSERVE E COMPARE AS DUAS PLANTAS ABAIXO.

BROMÉLIA.

BABOSA.

- IDENTIFIQUE:

    A) UMA SEMELHANÇA ENTRE ELAS.

    B) UMA DIFERENÇA ENTRE ELAS.

4 COMPLETE A FICHA DOS ANIMAIS. USE O BANCO DE PALAVRAS ABAIXO.

BICHO-PREGUIÇA	FLORESTAS TROPICAIS
PEIXE-BOI	ÁGUAS SALGADA E DOCE
ARATU-VERMELHO	MANGUEZAL

NOME: ....

LUGAR ONDE VIVE: ....

TAMANHO: 70 CM DE COMPRIMENTO

ALIMENTAÇÃO: FOLHAS, RAÍZES E BROTOS (EMBAÚBA, INGAZEIRA, FIGUEIRA, TARANGA).

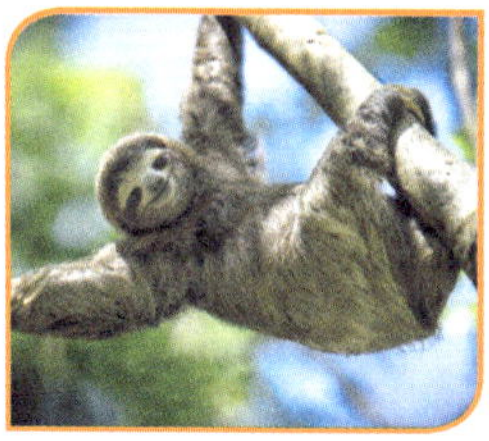

jdross75/Shutterstock

NOME: ....

LUGAR ONDE VIVE: ....

TAMANHO: ATÉ 4 METROS

ALIMENTAÇÃO: ALGAS, AGUAPÉS E CAPIM AQUÁTICO.

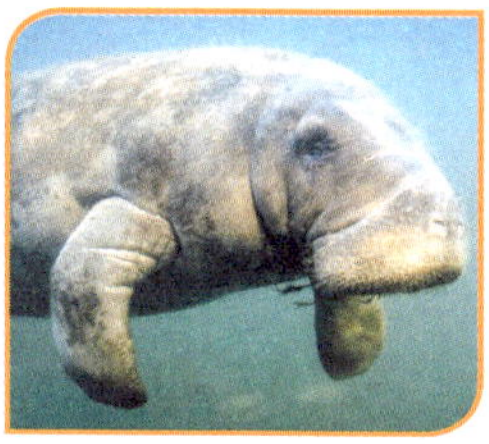

Jeff Stamer/Shutterstock

NOME: ....

LUGAR ONDE VIVE: ....

TAMANHO: 6 CM DE LARGURA

ALIMENTAÇÃO: FOLHAS, PEQUENOS INSETOS, CARANGUEJOS MENORES.

passion4nature/iStock/Getty Images

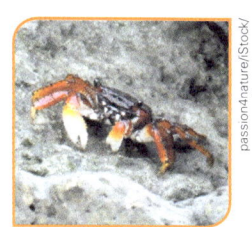

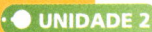

COMO SÃO AS PLANTAS?

A DIVERSIDADE DAS PLANTAS

5 OBSERVE A IMAGEM ABAIXO.

• ELEMENTOS NÃO PROPORCIONAIS ENTRE SI

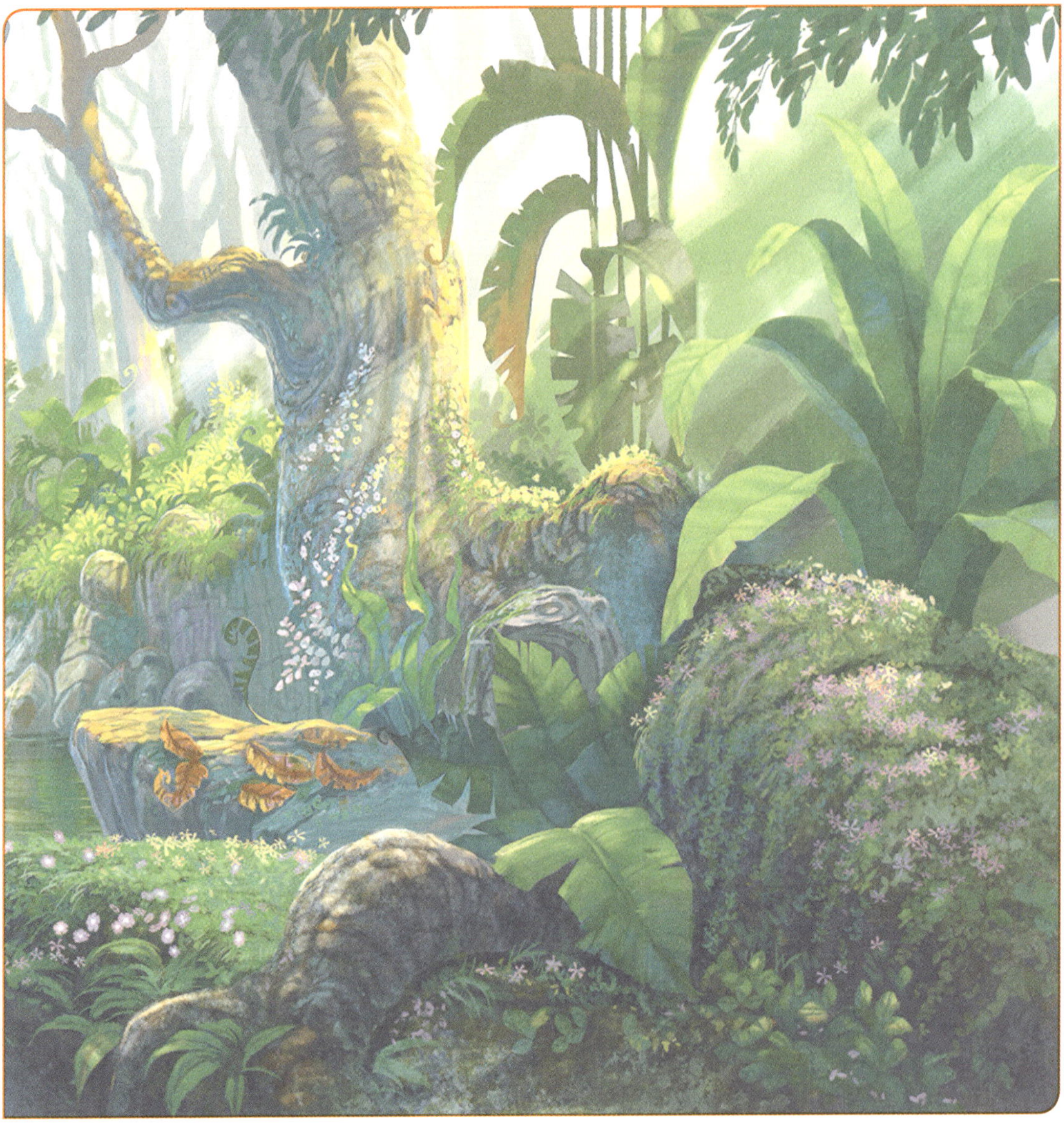

noreefly/Shutterstock

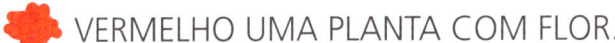

- CONTORNE DE:
  - VERMELHO UMA PLANTA COM FLOR.
  - AZUL UMA PLANTA COM FOLHAS GRANDES.
  - LARANJA UMA PLANTA PEQUENA.
  - VERDE UMA PLANTA QUE CRESCE SOBRE OUTRA.

AS CARACTERÍSTICAS DAS PLANTAS

6 CONTORNE O NOME DAS PLANTAS AQUÁTICAS.

AS RAÍZES DA VITÓRIA-RÉGIA VÃO ATÉ O SOLO DO RIO.

O AGUAPÉ TEM RAÍZES FLUTUANTES.

A ORQUÍDEA TEM RAÍZES SOBRE OUTRA PLANTA.

7 LIGUE CADA ALIMENTO À PARTE CORRESPONDENTE DA PLANTA.

• ELEMENTOS NÃO PROPORCIONAIS ENTRE SI

 ALFACE   FOLHA

 LIMÃO   CAULE

 CANA-DE-AÇÚCAR   FRUTO

 GENGIBRE   RAIZ

AS PLANTAS E OS ANIMAIS NO AMBIENTE

8 COMPLETE AS FRASES COM O NOME DOS SERES VIVOS. UTILIZE O BANCO DE PALAVRAS ABAIXO.

• ELEMENTOS NÃO PROPORCIONAIS ENTRE SI

| PLANTAS | MINHOCAS | FLORES | ABELHAS |

AS .... VIVEM NO SOLO. ELAS CAVAM TÚNEIS E, ASSIM, CRIAM PASSAGENS NA TERRA PARA O AR, PARA A ÁGUA E PARA AS RAÍZES DAS ....

AS .... DO MARACUJAZEIRO SÃO GRANDES, VISTOSAS, PERFUMADAS E TÊM MUITO NÉCTAR. ELAS ATRAEM AS MAMANGAVAS, OU SEJA, ... QUE VIVEM NAS MATAS.

ONDE HABITAM OS SERES VIVOS?

COMO É MINHA MORADIA

9 MUITAS MORADIAS APRESENTAM DIFERENTES ESPAÇOS. OBSERVE O ESPAÇO A SEGUIR.

SALA DE ESTAR DE UMA MORADIA.

A) ESCREVA O NOME DE TRÊS OBJETOS QUE VOCÊ IDENTIFICA NESSE ESPAÇO.

OBJETO 1: _____

OBJETO 2: _____

OBJETO 3: _____

B) CONTORNE UM OBJETO QUE TAMBÉM EXISTA NA SUA MORADIA.

10 ASSIM COMO CONSTRUÍMOS NOSSAS MORADIAS, MUITOS PÁSSAROS CONSTROEM NINHOS. VEJA DOIS EXEMPLOS.

1 NINHO DE JAPU

GRANDE E COMPRIDO, EM FORMA DE UMA BOLSA PENDURADA NAS ÁRVORES. É FEITO DE TALOS E FIBRAS VEGETAIS. O NINHO É CONSTRUÍDO SÓ PELAS FÊMEAS. NO FUNDO HÁ UM ACOLCHOADO DE FOLHAS PARA ACOMODAR OS OVOS.

2 NINHO DE JOÃO-DE-BARRO

FEITO EM CONJUNTO PELO MACHO E PELA FÊMEA, QUE USAM BARRO, ESTERCO E PALHA. POSSUI UMA ABERTURA PARA ENTRADA E SAÍDA. O FUNDO DO NINHO, ONDE FICAM OS FILHOTES, É FORRADO COM PENAS, PELOS E MUSGOS.

- DE QUEM É CADA NINHO? ESCREVA O NÚMERO NO QUADRINHO DAS FOTOGRAFIAS DE ACORDO COM O QUE VOCÊ LEU ACIMA.

• ELEMENTOS NÃO PROPORCIONAIS ENTRE SI

COMO É MINHA ESCOLA

11 PINTE O NOME DOS OBJETOS QUE VOCÊ ENCONTRA NA SUA SALA DE AULA.

| LOUSA | FOGÃO | VASO DE PLANTA | LIXEIRA |
| MEL | ESTANTE | CORTINA | VENTILADOR |

OS AMBIENTES DA TERRA

12 OS AMBIENTES DA TERRA SÃO DIFERENTES UNS DOS OUTROS. ASSOCIE CADA UM À SUA DESCRIÇÃO.

• ELEMENTOS NÃO PROPORCIONAIS ENTRE SI

CIDADE DO PANAMÁ, 2016.

AMBIENTE POLAR, EM QUE HÁ MUITO GELO E FAZ BASTANTE FRIO.

FLORESTA AMAZÔNICA, 2017.

AMBIENTE TERRESTRE QUE POSSUI SOLO COM MUITA AREIA E ONDE CHOVE POUCO.

ANTÁRTIDA, 2015.

AMBIENTE TERRESTRE COM O SOLO REVESTIDO POR ASFALTO E CONSTRUÇÕES.

DESERTO EM DUBAI, 2018.

AMBIENTE COBERTO POR FLORESTA, COM GRANDE DIVERSIDADE DE SERES VIVOS.

RECIFE DE CORAIS NAS ANTILHAS HOLANDESAS, 2015.

AMBIENTE AQUÁTICO COM O FUNDO COBERTO POR CORAIS, AREIA E ROCHAS.

SER VIVO E ELEMENTO NÃO VIVO

13 A ILUSTRAÇÃO ABAIXO MOSTRA SERES VIVOS E ELEMENTOS NÃO VIVOS.

A) PINTE O NOME DOS SERES VIVOS DE **AZUL** E DOS ELEMENTOS NÃO VIVOS DE **VERMELHO**.

| ROUPA | CATA-VENTO | CHAPÉU | PLANTA |

| MENINA | BANCO | SAPATO | CACHORRO |

B) ESCREVA UMA DIFERENÇA ENTRE O BANCO E A MENINA.

_____

_____

_____

Os ambientes podem ser modificados?

Os ambientes naturais e os ambientes modificados

14 Observe o ambiente a seguir.

Plantação de feijão no município de Pardinho, no estado de São Paulo, em 2016.

a) Como você classifica esse ambiente? Pinte a resposta correta.

[Ambiente natural]   [Ambiente modificado]

b) Coloque em ordem numérica as etapas que devem ter ocorrido nesse ambiente até ele se tornar uma área de cultivo.

☐ Sementes ou mudas de feijão foram usadas no plantio.

☐ A vegetação natural foi derrubada.

☐ Máquinas foram usadas para revirar o solo.

☐ A vegetação derrubada foi queimada.

Alguns ambientes modificados

15 Procure imagens de dois ambientes modificados. Recorte-as e cole-as nos quadros abaixo.

- Escreva uma legenda para cada imagem, contando como é esse ambiente.

Os seres vivos e os ambientes modificados

16 Observe as ilustrações abaixo.

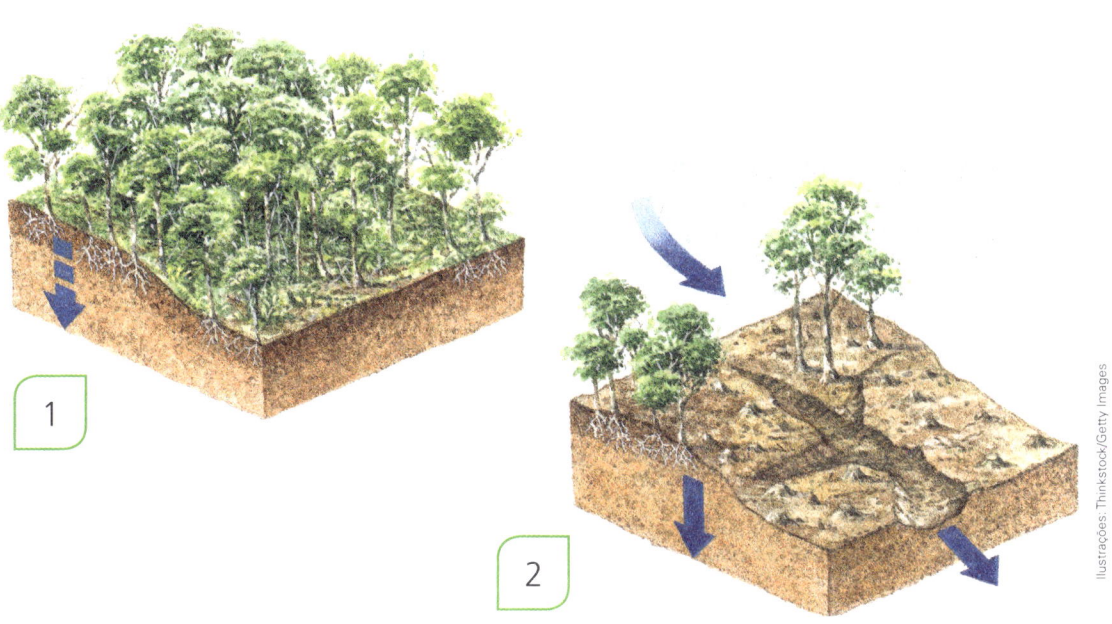

1: Área coberta por uma floresta. **2**: Mesma área depois de as árvores terem sido derrubadas. As setas mostram o caminho da água da chuva.

a) Que animais foram prejudicados por causa desse desmatamento? Assinale com um **X**.

☐ Os animais que viviam nas plantas.

☐ Os animais que se alimentavam das plantas.

☐ Os animais que viviam sobre o solo.

☐ Os animais que viviam dentro do solo.

b) Você acha que o desmatamento provoca o desgaste do solo? Explique sua resposta.

_____

_____

Cuidando dos ambientes

Cuidando do que é de todos

17 Observe a imagem abaixo.

- Assinale um **X** na legenda que representa essa imagem.

    ☐ Floresta Amazônica não modificada pela ação humana.

    ☐ Floresta Amazônica desmatada para virar pasto.

    ☐ Área preservada da Floresta Amazônica.

18 No seu bairro há algum ambiente modificado que precise de cuidados? Quais são esses cuidados?

....
....
....

A água nos ambientes

19 Leia o trecho do texto sobre poluição dos mares por sacolas plásticas.

> As tartarugas [marinhas] que estão em período de desova [...] são os principais alvos dessa poluição que atinge os mares. Ao chegarem ao litoral para deixarem seus ovos, elas acabam confundindo os plásticos com águas-vivas, seu alimento preferido. O problema é que o plástico demora 200 anos para se decompor na natureza e não é digerido pelo réptil, que acaba morrendo por sufocamento ou por inanição (parar de se alimentar) [...].
>
> Láyra Santa Rosa. Plástico é uma ameaça às tartarugas. **Global Garbage**. Disponível em: <www.globalgarbage.org/praia/2011/11/13/plastico-e-uma-ameaca-as-tartarugas>. Acesso em: 27 mar. 2018.

a) Sublinhe a frase do texto que explica por que o plástico tem sido um dos grandes inimigos das tartarugas marinhas.

b) Desenhe uma tartaruga marinha no quadro abaixo.

c) Pesquisas mostram que, no Brasil, milhares de sacolas plásticas são distribuídas pelos supermercados todos os anos e que a maioria delas é utilizada uma única vez. Que sugestão você daria para reduzir o uso de sacolas plásticas?

O lixo nos ambientes

20 Escreva o nome dos materiais que devem ser depositados em cada lixeira de coleta seletiva.

21 Responda às questões abaixo.

a) Além de não jogar lixo em qualquer lugar, o que mais é preciso fazer para não poluir o ambiente?

_____

_____

_____

b) Faça um desenho que combine com a legenda.

Eu sei reaproveitar um material que não precisa ser jogado fora.

Do que os objetos são feitos?

Como são os objetos?

22 Complete o quadro usando o banco de palavras. As palavras podem ser usadas mais de uma vez.

> roupa   livro   embalagem   brinquedo
> panela   ferramenta   cesto   sapato

Material	Propriedades do material	Objeto
Algodão	Pode ser transformado em fios que fazem tecidos.	
Couro	Impermeável, pode ser costurado.	
Plástico	Impermeável, pode ser moldado em muitas formas diferentes.	
Argila	Assume a forma que quisermos, endurece depois de cozida no fogo.	
Madeira	Pode ser furada, serrada, colada, lixada.	
Papel	Pode ser usado para escrever, pintar, imprimir com tinta.	
Aço	Duro e resistente.	
Fibras vegetais	Podem ser trançadas, são resistentes.	
Papelão	Resistente, leve, é possível imprimir nele.	

- Quais materiais do quadro acima podem ser reciclados?

Transformações dos materiais

23 Observe as fotografias e leia as legendas.

Tijolos de barro secando. Serão postos no forno para endurecer.

Tijolos sendo usados para construir uma casa.

a) Que transformação acontece com o barro quando ele é colocado no forno?

b) Cite dois objetos que são feitos de barro e que passam pela mesma transformação do tijolo.

24 Pesquise, recorte e cole imagens de instrumentos musicais conforme os pedidos a seguir. Não se esqueça de escrever o nome de cada instrumento.

a) Instrumento feito de metal.

b) Instrumento feito de madeira.

c) Instrumento feito de plástico.

Como usamos os objetos

Os materiais e suas características

25 Mirela está tentando descobrir os objetos que estão dentro da caixa. Vamos ajudá-la?

1. É redondo, fundo, liso, frio e possui um cabo.

2. É cilíndrico, fino, comprido, feito de madeira e uma das extremidades é pontuda.

3. Tem a forma de um cone; as duas extremidades têm abertura.

- Você identificou algum dos objetos? Escreva o nome deles nos espaços indicados a seguir.

1.

2.

3.

Os objetos e seus materiais

26 Antônio resolveu fazer uma reforma em sua casa e está escolhendo as cores das tintas para pintá-la.

a) Ajude-o a escolher as cores das tintas que ele vai precisar e pinte a parte da casa correspondente.

b) Antônio resolveu colocar algumas telhas de vidro no telhado. Qual vantagem ele vai ter ao usar esse material?

....

....

....

Utilizamos os objetos, e depois?

27 Observe a origem de alguns objetos. Depois, escreva o nome do material que será economizado se eles forem trocados ou doados.

• Elementos não proporcionais entre si

Objeto	Origem do material
Mala de couro.	
Carrinho de madeira.	
Aliança de ouro.	

De onde vem a sombra?

Luz e sombra

28 Identifique e escreva o nome dos animais que estão representados nas sombras a seguir.

- Como essas figuras foram formadas na parede?

29 Indique com um **X** em qual posição é preciso colocar a lanterna para que essa sombra se forme na parede.

- Você pode tentar projetar a sombra dos animais desta página e de outros animais na parede de sua casa. Basta ter uma lanterna ou um foco de luz e fazer como na imagem.

Tamanho da sombra

30 Observe a sombra das árvores e assinale com um **X** aquela em que o Sol está sobre a árvore e que indica o meio do dia.

31 Posicione um objeto pequeno dentro do quadro abaixo, de preferência à noite. Acenda a luz ou ilumine o objeto com uma lanterna, desenhe e preencha a sombra projetada.

- Escreva o nome do objeto cuja sombra foi desenhada.

O Sol que nos aquece

A temperatura ao longo do dia

32 O Sol aparece no horizonte e o dia começa. Ele parece percorrer o céu e se põe do lado oposto no final do dia. Escurece e a noite começa.

• Esquema simplificado

a) Observe os horários do nascer e do pôr do sol em dois dias diferentes, na cidade de São Paulo, em 2018. Depois, assinale as respostas corretas.

	Janeiro		Julho	
Dia	Nascente	Poente	Nascente	Poente
1	05:24	18:57	06:50	17:32

Fonte: <www.iag.usp.br/astronomia/nascer-e-ocaso-do-sol>. Acesso em: 22 maio 2018.

b) A quantidade de horas com claridade muda de dia para dia ao longo do ano. Em qual das datas o dia foi mais longo?

☐ 1/1/2018 (verão)   ☐ 1/7/2018 (inverno)

c) As sombras têm o mesmo comprimento ao longo do dia?

☐ Sim   ☐ Não

33 Observe três temperaturas de um mesmo dia e assinale com um **X** a temperatura que deve ter sido registrada ao meio-dia.

Fotos: Rubens Chaves/ Pulsar Imagens

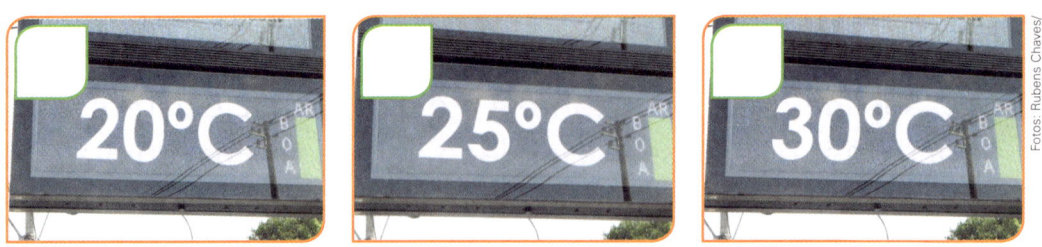

34 Pesquise qual foi a menor e a maior temperatura ontem, na cidade onde você vive, e escreva esses valores nos termômetros a seguir.

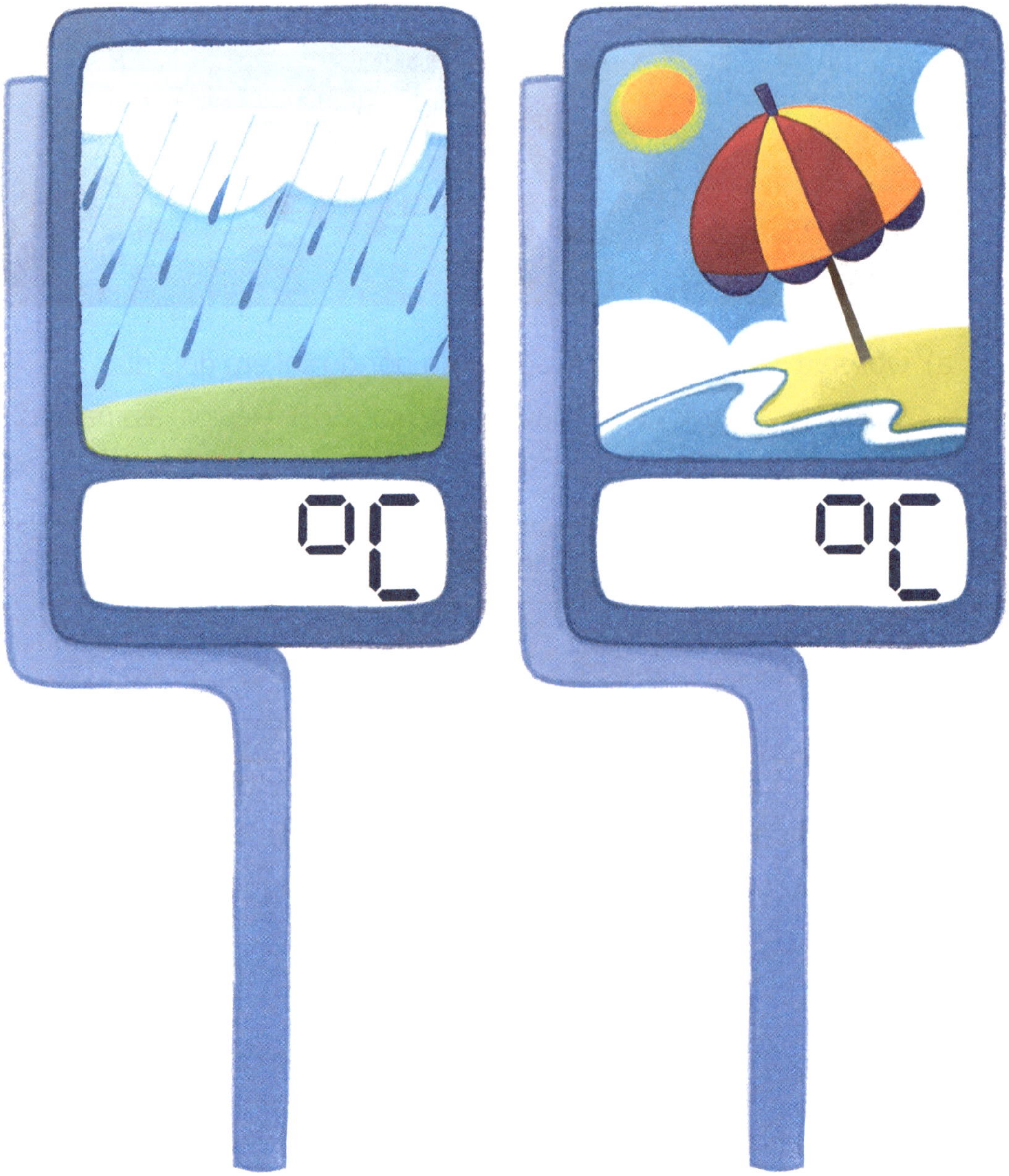

Ilustrações: Waldomiro Neto/Arquivo da editora

Todos os materiais se aquecem da mesma maneira?

35 O dia está ensolarado e Téo vai andar de bicicleta. Vamos ajudá-lo a se equipar?

a) Contorne a camiseta que tem a cor mais adequada para ele usar em um dia quente.

b) Assinale com um **X** os itens que ele deve separar para ficar protegido e para prevenir acidentes.

☐ Protetor solar   ☐ Tênis

☐ Capacete   ☐ Óculos escuros

☐ Chinelo   ☐ Fone de ouvido

c) Você acha que Téo precisa levar consigo uma garrafa com água? Por quê?

_____

_____

Aquecimento e reflexão solar

36 Marque com um **X** o(s) local (locais) onde você usaria óculos escuros.

Dunas de areia no município de Tavares, no estado do Rio Grande do Sul, 2018.

Parque nevado na Nova Zelândia, 2015.

- Por que você usaria óculos escuros nesse(s) local (locais)?